U0197391

第4届中国园林摄影大展

中国园林博物馆　编著

中国建筑工业出版社

图书在版编目（CIP）数据

第4届中国园林摄影大展／中国园林博物馆编著．—北京：中国建筑工业出版社，2017.12
ISBN 978-7-112-21653-6

Ⅰ．①第…　Ⅱ．①中…　Ⅲ．①园林艺术－中国－现代－摄影集　Ⅳ．① TU986.62-64

中国版本图书馆CIP数据核字（2017）第309471号

责任编辑：杜　洁　李玲洁
责任校对：王　烨　焦　乐

编委会

编委会主任：李炜民　阚　跃
编委会副主任：黄亦工　程　炜　薛金玲　白　旭　陶　涛　陈进勇
主　　编：谷　媛
策　展　人：邢　宇
成　　员：宁肖波　李　瑶　王霄煦　金沐曦　马　力

第4届中国园林摄影大展

中国园林博物馆　编著

*
中国建筑工业出版社出版、发行（北京海淀三里河路9号）
各地新华书店、建筑书店经销
北京方舟正佳图文设计有限公司制版
北京富诚彩色印刷有限公司印刷
*
开本：880×1230 毫米　1／16　印张：9　字数：219千字
2017年12月第一版　2017年12月第一次印刷
定价：160.00元
ISBN 978-7-112-21653-6
（31502）

版权所有　翻印必究
如有印装质量问题，可寄本社退换
（邮政编码 100037）

前言

中华大地钟灵毓秀，传统文化积淀深厚，孕育出博大精深的中国园林体系。中国园林自古以来就是文人、画家进行艺术创作的重要题材，无数丹青妙笔和诗词歌赋描绘了众多园林美景，将园林的辉煌不断传承。随着科学技术的进步，摄影逐渐成为记录生活和美景的重要手段，中国园林因其深厚的底蕴和博大精深的内涵为摄影者提供了取之不尽的创作资源，而优秀的摄影作品不仅记录下优美的园林景色，也使得园林文化的内涵得以彰显。

“中国园林摄影大展”自2014年起已成功举办过三届，众多摄影家和摄影爱好者积极参与，创作出大量优秀作品。“第4届中国园林摄影大展”由中国园林博物馆、大众摄影杂志社联合主办，以皇家园林、私家园林、寺庙园林为创作主题，面向全国摄影爱好者征稿，共收到投稿作品15000余张，此次评选出的100幅优秀获奖作品以及20幅特邀作品便是其中的代表。摄影师们从摄影艺术的角度解读中国园林，表达各自对园林的理解，透过镜头展现中国园林山水自然、人文宜居的文化意蕴和神奇魅力。他们用独特的审美为传统文化的弘扬、传承和创新做出贡献，在此，向始终占领艺术高地的摄影家们表示敬意！希望我们的坚持能够成为建设美丽中国的一个小小的助力！

目录

月光白塔

常立勇

北海公园（北京）

晖洒天坛　陈迎　天坛公园（北京）

闪电　陈强　颐和园（北京）

时光漫流　胡拥军　颐和园（北京）

暮日双飞　张晓莲　颐和园（北京）

宫廷柳 郭冀华 北海公园（北京）

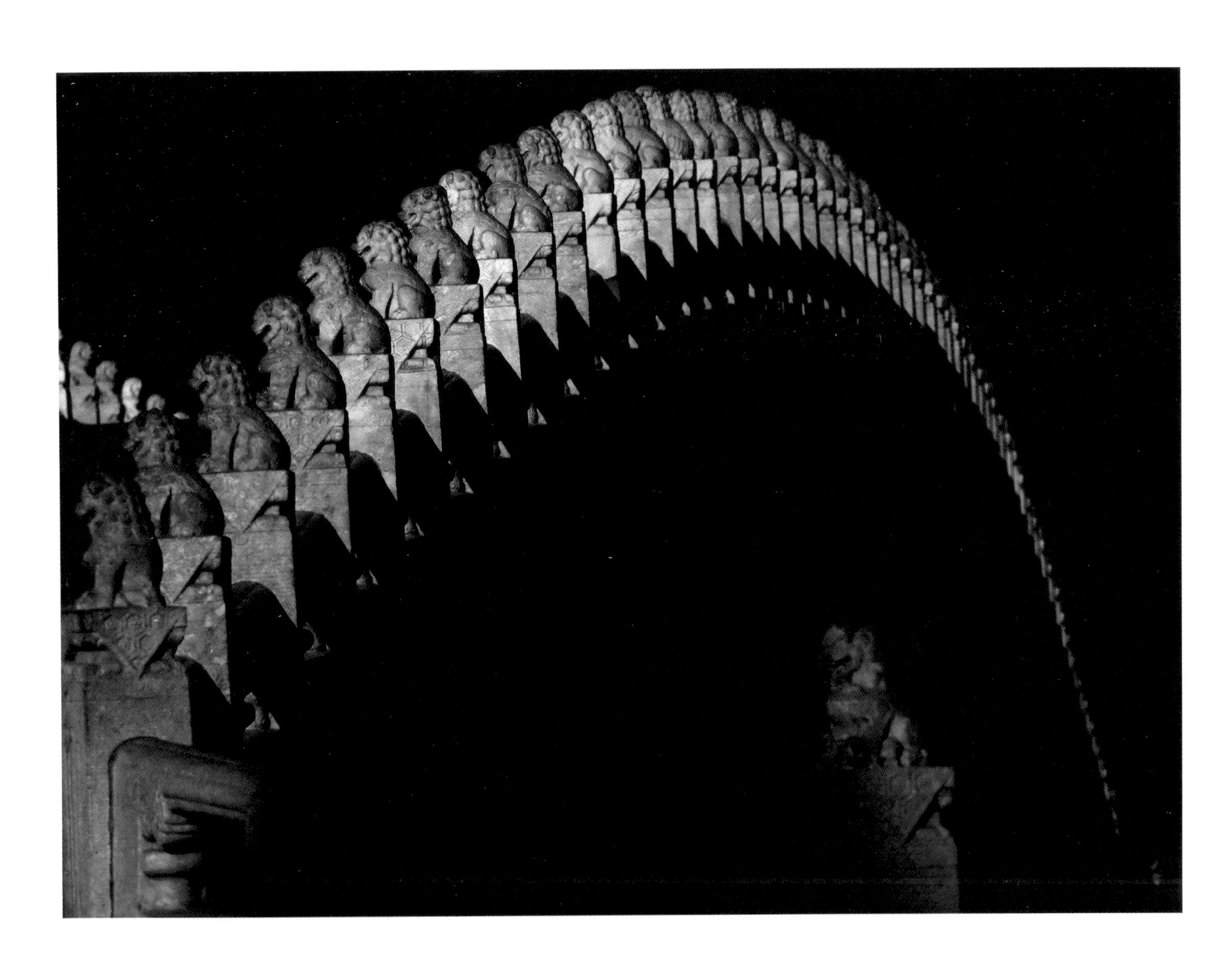

排列　姜润良　颐和园（北京）

春到颐和园　姜润良　颐和园（北京）

云卷云舒　姜润良　颐和园（北京）

故宫月夜　李武　故宫博物院（北京）

天坛一景　李晓晨　天坛公园（北京）

颐园胜景　郑庆祥　颐和园（北京）

西堤冬日　孟洪　颐和园（北京）

颐和园昆明湖滑冰　庞铮铮　颐和园（北京）

曲径通幽　索建设　晋祠（太原）

雪祠　索建设　晋祠（太原）

青辞祭天　徐振国　天坛公园（北京）

方圆之间　薛锋　天坛公园（北京）

山庄晨意　张乃礼　避暑山庄（承德）

佛国卧虹　张晓莲　颐和园（北京）

角楼神韵　张殿英　故宫博物院（北京）

梦入画中　周少波　颐和园（北京）

等候　邹苏斌　北海公园（北京）

云中漫步　张以军　天坛公园（北京）

瘦西湖晨鹜　陈建新　瘦西湖（扬州）

玉兰花开时

陈立久

何园（扬州）

雅逸　韦宇宁　虎丘（苏州）

春雪　陈立久　荷花池公园（扬州）

石碧济淙　陈立久　瘦西湖（扬州）

西湖暮色　陈其森　西湖（杭州）

方圆之间　陈迎　留园（苏州）

幽静　房翔龙　瘦西湖（扬州）

疏影　房翔龙　何园（扬州）

夜色阑珊时 胡础坚 石湖上方山（苏州）

秋意太子湾　胡础坚　石湖上方山（苏州）

梦幻秋色　华致中　拙政园（苏州）

瘦西湖雪景　孔凡亮　瘦西湖（扬州）

黄鹤楼炫夜星空　李昌理　黄鹤楼（武汉）

慈云夕照　梁冬青　震泽古镇（苏州）

秋雨秋色 梁恒 欧阳修纪念馆（滁州）

山风劲吹　林辉　西湖（杭州）

湖边塔影　林辉　西湖（杭州）

红袖添香夜读书　林英杰　寄畅园（无锡）

古桥　刘红根　西湖（杭州）

冰雪玉板桥　潘平　瘦西湖（扬州）

烟雨春波桥　潘平　瘦西湖（扬州）

四季皆景 荣兴益 瘦西湖（扬州）

晨雾中的色达　王晨旭　色达（四川）

湖光春色　童建秋　金山湖（镇江）

夏花初绽 万赍 大观楼（昆明）

绿意　朱剑刚　留园（苏州）

园中园　徐诗瑶　西湖（杭州）

追光竹影　徐诗瑶　沧浪亭（苏州）

雕花荷柳听渔歌　徐银海　严家花园（苏州）

晨光中五亭　张玉春　瘦西湖（扬州）

晨光下的古道　徐永健　西庄镇（建水）

秋韵　许志荣　塔川（黟县）

湖上烟雨　杨伟光　瘦西湖（扬州）

静亭湖畔　杨伟光　瘦西湖（扬州）

西湖雪韵　杨照夫　西湖（杭州）

暮色繁花烂漫的榭园　殷启民　虎丘（苏州）

枫古古韵 殷启民 虎丘（苏州）

宛园雪夜　尹建忠　宛园（临清）

水墨历下亭　于卫红　大明湖（济南）

眺望五亭桥　张庆波　瘦西湖（扬州）

窗外　张跃明　金山湖公园（镇江）

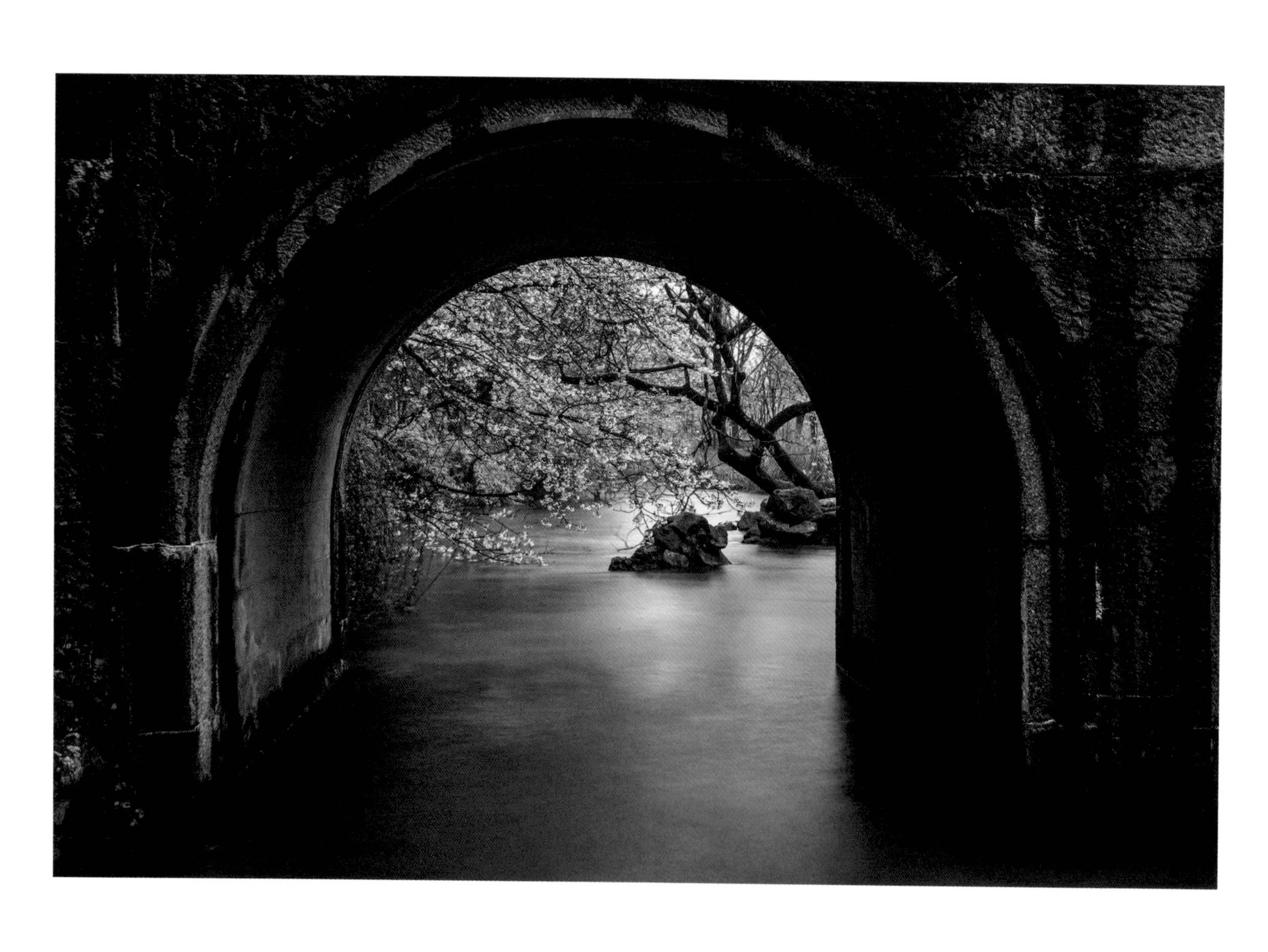

世外桃源　赵安炉　太子湾公园（杭州）

翠玲珑　赵君　网师园（苏州）

夕照雷峰塔　周鸣　西湖（杭州）

瑞雪古刹　赵子方　江心寺（温州）

古刹雪夜　段万卿　栾川老君山（洛阳）

崇圣寺三塔　麻煜坤　三塔公园（大理）

佛缘

李伟

灵隐寺（杭州）

陕西华阴岳庙　穆刚明　西岳庙（华阴）

宏村之晨　阮洪森　宏村（黟县）

老君山之晨　施进勇　栾川老君山（洛阳）

菩提禅音　王永红　菩提山（重庆）

祈福树　杨锦炎　布达拉宫（拉萨）

角楼暮色　杨晓卫　西岳庙（华阴）

又是一年花开时　姚海全　玉皇庙（运城）

南岳古戏台　叶金华　　南岳大庙（衡阳）

云南三塔　赵晓明　三塔公园（大理）

古寺丽影　朱红辉　普陀山（舟山）

大明寺　赵亚平　轵城镇（济源）

周宁鲤鱼祠　郑雨景　鲤鱼溪公园（周宁）

幽静　高志山　如琴湖（庐山）

清江浦之夜　贺敬华　清江浦（淮安）

侗寨晨韵　洪晓东　侗寨（从江）

如琴出浴　洪鑫　如琴湖（庐山）

知秋　李斌　天平山（苏州）

日照楼阁　林辉　东辉公园（温岭）

松江方塔 孙钧贤 方塔公园（上海）

霞光　王华　西坝公园（淮安）

南湖雪霁　王玉山　南湖公园（诸城）

黄山雪韵　吴爱兰　黄山（安徽）

雨夜钟声　吴卫防　钱江源国家公园（浙江）

画中游　徐英喆　开发区新区（秦皇岛）

匠心营造　薛明瑞　福安黄兰（宁德）

刻骨铭心的记忆　张国富　卢沟桥（北京）

曲美构成 郑庆祥 榆树庄公园（北京）

枝探万寿山　张晓莲　颐和园（北京）

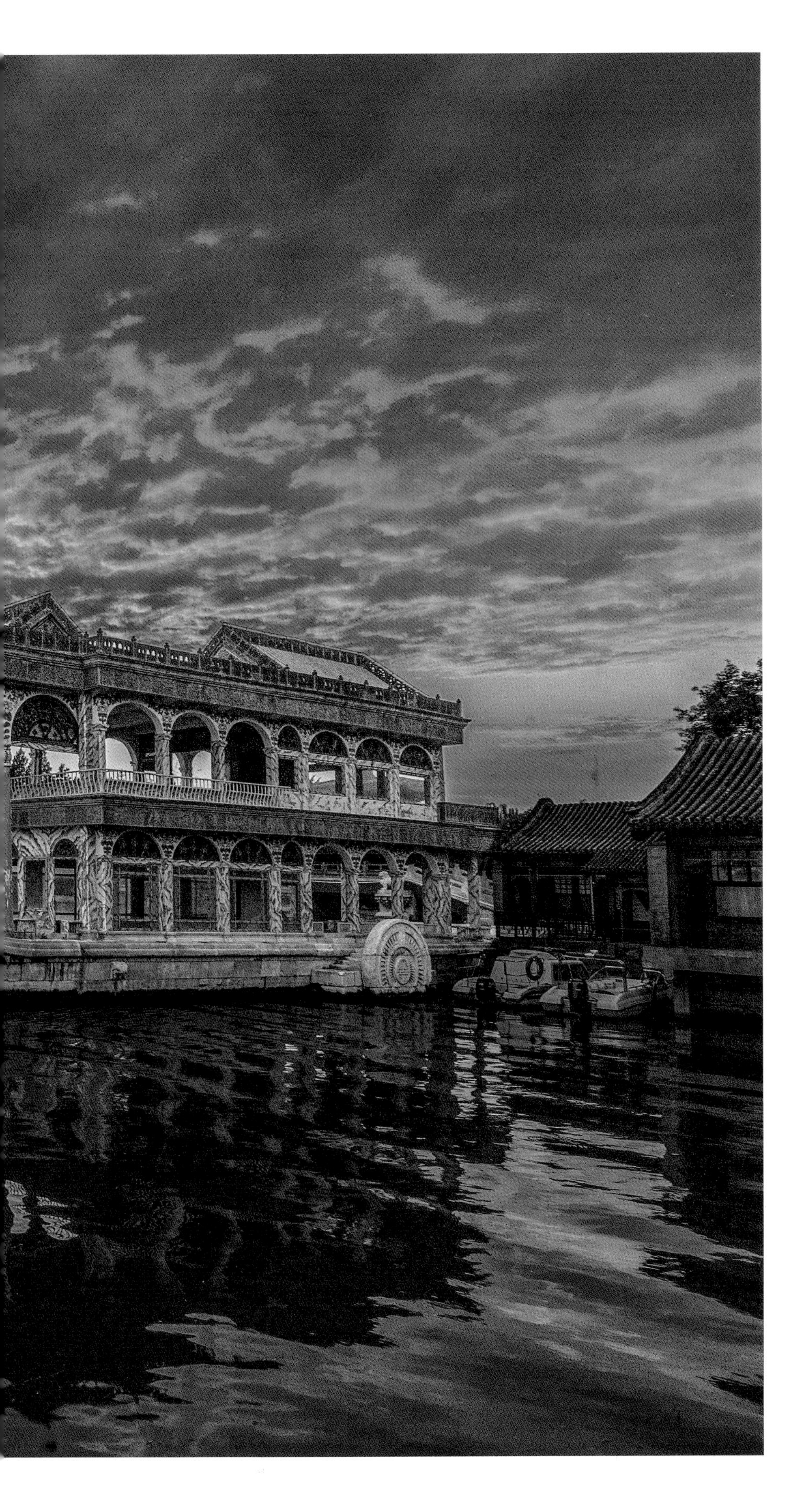

涅槃　张晓莲　颐和园（北京）

秋画

张晓莲

颐和园（北京）

俯观湖面有消冰　张晓莲　颐和园（北京）

红与黑　曾勤　北海公园（北京）

柳下太液醉人心 曾勤 北海公园（北京）

窗外觅春　曾勤　颐和园（北京）

余晖共影

曾勤

颐和园（北京）

保护文物
HELP PROTECT THE CULTURAL RELICS
爱护栏杆
HELP PROTECT THE RAILINGS

对语　陈强　颐和园（北京）

神秘的佛香阁　陈强　颐和园（北京）

晨跃　陈强　颐和园（北京）

探寻　陈强　颐和园（北京）

晨辉　姜润良　颐和园（北京）

西堤雪霁　姜润良　颐和园（北京）

蜡梅　姜润良　颐和园（北京）

暖冰　姜润良　颐和园（北京）

守望　刘真平　颐和园（北京）

气吞山河　刘真平　颐和园（北京）

廊如夕照　刘真平　颐和园（北京）

天舞　刘真平　颐和园（北京）

获奖名单

常立勇 陈 迎 陈 强 胡拥军 郭冀华 姜润良 李 武 李晓晨 孟 洪 庞铮铮
索建设 徐振国 薛 峰 张殿英 张乃礼 张晓莲 张以军 郑庆祥 周少波 邹苏斌
陈建新 陈立久 陈其森 房祥龙 胡础坚 华致中 孔凡亮 李昌理 梁冬青 梁 恒
林 辉 林英杰 刘红根 潘 平 宋兴益 童建秋 万 赉 王晨旭 韦宇宁 徐诗瑶
徐银海 徐永健 许志荣 杨伟光 杨照夫 殷启民 尹建忠 于卫红 张庆波 张玉春
张跃明 赵安炉 赵 君 周 鸣 朱剑刚 殷万卿 李 伟 麻煜坤 穆刚明 阮洪森
施进勇 王永红 杨锦炎 杨晓卫 姚海全 叶金华 赵晓明 赵亚平 赵子方 朱红辉
高志山 贺敬华 洪晓东 洪 鑫 李 斌 林 辉 孙钧贤 王 华 王玉山 吴爱兰
吴卫防 徐英喆 薛明瑞 张国富 郑雨景

特邀影友

张晓莲 曾 勤 陈 强 姜润良 刘真平